PREPARACIÓN Y AYUDA PARA EL NUEVO CURSO (3)

ÍNDICE DE LA SERIE

15 : FISIOLOGÍA: El cuerpo humano

3: FÍSICA Y QUÍMICA

INTRODUCCIÓN

Cuando era niño me llamó la atención la idea que expresó un orador, cuando dijo que resultaba sorprendente pensar que todo cuanto conocemos, en el Universo y en la Tierra, toda la inmensa variedad de estructuras distintas y todas sus capacidades, estaba construido con solo tres partículas fundamentales.

Era como un juego de construcción LEGO, en el que usando piezas iguales, que puedes combinar de formas distintas, es posible construir prácticamente infinitas formas de apariencia diferente.

Algún tiempo después leí en un libro sobre "Electricidad", que lo que se había descubierto sobre la materia eran "realidades que parecen fantasía", y explicaba que las mismas "partículas" con las que se construía todo ni siquiera eran "materia"; había que pensar en ellas más bien en algo así como fuerzas invisibles, manifestaciones de energía, interactuando unas con otras, intercambiando propiedades entre sí, influyéndose mutuamente.

Cuando se comprende, aunque solo sea parcialmente, de acuerdo al nivel de entendimiento al que se ha llegado hasta ahora, la manera en que tales interacciones generan las impresiones que experimentamos, por ejemplo cuando vemos y tocamos un objeto material cualquiera, en realidad nos damos cuenta de la lógica que tiene. Si tuviésemos que pensar en las "partículas elementales" como "pequeñas bolitas de **materia**", nuestra comprensión de lo que **realmente es** la "materia" no habría aumentado mucho; solo habríamos trasladado la incógnita a otro nivel, de "tamaño" más reducido, pero no podríamos decir mucho más sobre lo que es la materia que lo que ya sabíamos antes: básicamente, lo que se ve y se toca.

El comprender cómo se generan las sensaciones táctiles y visuales, y todo lo demás que experimentamos, a partir de esas "fuerzas invisibles o manifestaciones energéticas", sí es un avance auténtico, profundo, y realmente valioso en nuestro entendimiento.

Y la historia de cómo se ha obtenido esa comprensión, y de los métodos que se han utilizado, puede resultar muy interesante. Lo que podríamos llamar "la novela del Universo" podría ser tan cautivadora como cualquier otra novela.

Probablemente muchas personas piensen que reducir emociones sublimes, como el amor, o lo que experimentamos al contemplar una hermosa puesta de Sol, o al escuchar una pieza musical que nos estremece, a simple "física, química y matemáticas", es algo que suprime el encanto de esas emociones, que comprender cómo se generan puede hacer que ya no las experimenten igual.

Quizá eso se deba a que esas palabras: "física, química, matemáticas…etc.", lo primero que traen a nuestra mente son páginas de libros llenas de extraños símbolos y ecuaciones incomprensibles. Pero la física, la química y las matemáticas no son realmente eso. Eso solo son lenguajes simbólicos que los investigadores utilizan para representar las relaciones que descubren en el mundo real. Y esas relaciones son las responsables de las emociones mencionadas y de todo lo demás.

Los químicos y los matemáticos también se enamoran, también disfrutan de la belleza y variedad de las puestas de Sol, y experimentan como cualquier otro toda la gama de intensas emociones que diversas interpretaciones musicales generan en nosotros.

Desde luego los que investigan en esos campos y en otros, saben mejor que nadie que efectivamente, en la generación de las emociones, en la facultad de pensar y razonar, y en todo lo demás, debe haber más, mucho más que lo que se ha descubierto hasta ahora, pues si de algo podemos estar seguros, es de que falta mucho por conocer y entender, prácticamente en todos los campos, y los investigadores profesionales son los que mejor conocen qué preguntas todavía claman por una respuesta, cada uno en la especialidad a la que se dedica.

Como dijo Albert Einstein, hablando del campo al que él se dedicaba: "El físico es el que realmente sabe dónde le aprieta el zapato".

Una idea similar se puede aplicar a todos los aspectos de La Realidad que se siguen estudiando.

Pero hablemos de algunas de las cosas interesantes que se han descubierto.

Consideremos por ejemplo, dos emociones, que en principio no parecen tener nada en común: el amor y el miedo.

Dos jóvenes, una chica y un chico, se han enamorado el uno del otro, pero cada uno de ellos no está seguro de si el otro siente lo mismo.

Al encontrarse experimentan cierto nerviosismo, y notan que sus corazones palpitan con más rapidez; puede que incluso alguno de ellos se ruborice; ¿qué está ocurriendo en su interior?; seguramente muchas cosas, y seguramente no las conocemos ni entendemos todas; pero se sabe algo sobre la causa de las manifestaciones externas mencionadas; cerca de los riñones hay unas glándulas, las glándulas suprarrenales, que producen una sustancia llamada adrenalina. La proximidad de la persona por la que se sienten atraídos, el verla, el oírla, provoca en su interior una serie de cambios; el cerebro, y más concretamente la parte de él que controla las emociones, envía una señal a través de los nervios para que se derrame adrenalina en el torrente sanguíneo. Cuando las sustancias interaccionan ejercen entre ellas fuerzas de atracción o repulsión, y dan lugar a reacciones diversas. La estructura de las moléculas es la que determina el efecto que se produce por la operación de esas fuerzas. El efecto de la adrenalina es que los vasos sanguíneos se encogen o se expanden, dependiendo de los receptores químicos en los que actúe, los receptores adrenérgicos, de modo que actúa como vasoconstrictor cuando y donde hay presentes receptores α, pero puede actuar como vasodilatador, si interacciona con receptores β. Los cambios producidos en los vasos sanguíneos, requieren un reajuste del ritmo cardiaco, lo que explica el aumento de las palpitaciones del corazón. El estrechamiento de los vasos sanguíneos aumenta la presión arterial, pero si se dilatan o expanden se requiere un aporte mayor de fluido para que la presión arterial no baje; si baja demasiado podría originar incluso un desmayo; son esos efectos de la adrenalina los responsables de las palpitaciones rápidas que la chica y el chico tal vez sientan, y también del enrojecimiento del rostro y el acaloramiento que le acompaña, si el efecto es muy acusado y se produce lo que llamamos rubor.

Curiosamente, es también una descarga de adrenalina, lo que se produce cuando percibimos que estamos en una situación de riesgo o peligro, cuando sentimos miedo; Aparentemente, el propósito es que el aporte sanguíneo adicional nos mantenga en estado de alerta, y todos nuestros recursos corporales, nuestros músculos incluidos, dispongan de la energía necesaria por si tenemos que huir o defendernos.

En los organismos pluricelulares complejos, la variedad de estructuras que las moléculas tienen que formar, así como la variedad de funciones muy específicas que tienen que desempeñar, explica por qué existe un número enorme de moléculas orgánicas distintas, ácidos nucleicos que contienen mucha información, pues son los "planos" para construir proteínas, enzimas y moléculas de muchos tipos, con estructuras muy precisas, dependiendo del papel que tengan que desempeñar.

Esta elevada complejidad, y quizá alguna otra idea tal vez equivocada, hizo que los químicos pensaran en un tiempo que nunca llegarían a descifrar la estructura de las moléculas orgánicas, pero eso fue cambiando poco a poco, y en la actualidad los biólogos moleculares disponen de una amplia variedad de técnicas, así como de conocimientos teóricos, que han permitido incluso secuenciar completamente el ADN, la secuencia completa del genoma de los seres humanos.

Una clave importante fue descubrir el papel del carbono, presente en todas las moléculas orgánicas; el hidrógeno, el oxígeno y el nitrógeno le acompañan por regla general; estos cuatro elementos, C, H, O y N, son esenciales en las moléculas de la vida, aunque otros elementos también son necesarios.

Se puede construir una variedad enorme de estructuras distintas, usando solo C, H, O y N; el carbono desempeña el papel central; es como la columna vertebral de la molécula. La razón de esto está en su valencia.

La valencia de un elemento es un número que indica la cantidad de enlaces que sus átomos pueden realizar con los átomos de otros elementos, y depende del número de electrones de la última "capa", o nivel energético más exterior, del átomo de dicho elemento.

En la Tabla Periódica de los elementos, hay solo unos pocos que no son activos químicamente; son los llamados gases inertes o gases nobles, y ocupan solo una columna de la Tabla. Todos los demás son químicamente activos, de modo que se asocian con otros elementos formando moléculas, por medio de ceder o compartir electrones.

Podemos alegrarnos de que esto sea así, puesto que si todos los elementos de la Tabla Periódica fuesen inertes, como los gases nobles, no habría reacciones químicas y no habría vida.

La preparación de un plato suculento en la cocina, la digestión, el metabolismo, el consumo de energía de nuestros músculos cuando hacemos deporte o cualquier otra actividad física, y hasta el gasto energético de nuestro cerebro, que utiliza hasta un 20 % de la energía disponible, todo son reacciones químicas, y sin duda disfrutamos de muchas de esas actividades físicas o intelectuales; y hasta el disfrute que sentimos tiene que ver con la química; algunas de las actividades mencionadas generan la liberación de dopamina, una sustancia que provoca una sensación de calma y bienestar.

La razón de que los elementos reaccionen entre sí, cediendo o compartiendo electrones, se comprendió cuando se descubrió la teoría cuántica, como se explica más adelante, y esto permitió entender la Tabla Periódica, las propiedades de los elementos, y las reacciones químicas. La teoría cuántica reveló que los electrones de un átomo se disponen en diferentes "capas" o niveles energéticos, y cada uno de ellos solo permite (y de hecho requiere) un número máximo de electrones; en la primera, la más cercana al núcleo, el número máximo de electrones que se pueden colocar es 2, y en la siguiente 8. Los gases inertes tienen sus capas ya completas, pero el resto de los elementos no, de modo que tienen una tendencia natural a asociarse con otros elementos, para que su capa más externa alcance la estructura energéticamente estable de los gases nobles.

Es el número de electrones de la última capa del átomo de cada elemento, el que determina sus propiedades químicas, los enlaces que puede establecer y con qué elementos reacciona. Aquellos que tengan pocos electrones en ella, tenderán a desprenderse de ellos para alcanzar una estructura estable. En cambio, los que tengan un número que no llegue a ocho, pero se aproxime, se asociarán con otros elementos y formarán compuestos, y las moléculas que se formen conseguirán así la estabilidad energética requerida.

La valencia intermedia del carbono (4), le proporciona la mejor capacidad posible, pues puede formar enlaces con muchos elementos, incluso enlaces con otros átomos de carbono. Es idóneo para formar moléculas que contengan muchos átomos, y por eso está presente en las moléculas orgánicas; la gran variedad de estructuras de los organismos vivos, vegetales y animales, y la complejidad de los fenómenos químicos que tienen lugar en ellos, requiere la correspondiente variedad de estructuras moleculares, cada una compuesta de muchos átomos, organizados en cada una en una disposición que tiene que ser muy específica.

Se descubrieron compuestos que contienen los mismos átomos y en cantidades iguales, y sin embargo presentaban propiedades distintas. Se les llamó "isómeros" (de las palabras griegas que significan "partes iguales").

Esto mostraba que para representar un compuesto, no bastaba con las fórmulas simples iniciales que solo indicaban los elementos presentes y el número de átomos de cada elemento del compuesto.

Se desarrollaron las "fórmulas estructurales", en las que se indicaba además cómo estaban colocados los átomos en las moléculas del compuesto.

Dos compuestos podían tener los mismos átomos y en igual cantidad, pero colocados de forma distinta, lo que explicaba la diferencia en sus propiedades.

En las fórmulas estructurales los enlaces entre átomos se representan por medio de guiones; el número de guiones indica si el enlace es simple, doble (cuando se comparten dos electrones), o incluso triple.

Al principio, las fórmulas estructurales de sustancias orgánicas que se estaban estudiando, tenían la apariencia de largas cadenas, con átomos enlazados en la cadena central, y otros en los laterales y extremos de la cadena.

Pero surgió un problema al estudiar el benceno, cuya molécula contiene seis átomos de carbono y seis de hidrógeno.

Los modelos iniciales de la fórmula estructural del benceno indicaban que tenía la posibilidad de formar más enlaces que los que realmente mostraba la observación. La explicación fue propuesta por el químico alemán Friedrich Kekulé en 1865. Según él mismo relató, mientras viajaba medio dormido en un ómnibus, en su mente imaginaba cadenas de átomos de carbono danzando de diferentes maneras, y una de ellas dio una vuelta y se enlazó al otro extremo formando un bucle cerrado, como un anillo. Esto condujo a una fórmula estructural para el benceno que sí concordaba con las propiedades observadas.

Cada átomo de carbono dispone de 4 enlaces; los seis átomos se enlazan formando un hexágono en el que se alternan enlaces simples con enlaces dobles, de modo que cada átomo solo utiliza 3 de sus enlaces para formar el hexágono, y a cada uno le queda un enlace libre que apunta hacia el exterior del hexágono, y al que se une un átomo de hidrógeno.

Faltaba por aclarar algo sobre los enlaces, que tuvo que esperar a la llegada de la teoría cuántica. Los enlaces dobles son más cortos que los simples y es fácil romper una de sus conexiones dejando libre un enlace que puede dar lugar a otras interacciones. Pero en el anillo de benceno ninguno de los enlaces parecía mostrar más propensión que otro a ser liberado; era como si la fuerza de los enlaces fuese la misma, sin importar si eran simples o dobles. La teoría cuántica reveló que los electrones tienen propiedades ondulatorias, y cuando dos ondas se suman en fase, se refuerzan entre sí, fenómeno conocido como "resonancia", por su analogía con las ondas sonoras, que producen un sonido más fuerte cuando dos o más ondas suman sus energías. La "función de onda" de una estructura cuántica es una superposición de todas las posibles ordenaciones de los elementos de la estructura. Aplicando este concepto al anillo hexagonal del benceno, hay que considerarlo como una superposición de dos posibilidades, en cada una de las cuales los enlaces simples y los dobles intercambian sus posiciones, y la superposición de ambas produce una "resonancia híbrida" que otorga la misma fuerza a todos los en laces del anillo. Se produce así una estructura muy estable.

El entendimiento del anillo de benceno fue el comienzo que permitió descifrar la estructura de moléculas cada vez más complejas, muchas de ellas conteniendo más de un anillo o ciclo, compuestos homocíclicos, heterocíclicos, etc.

La combinación de técnicas experimentales cada vez más potentes, junto a un entendimiento teórico cada vez más extenso y profundo, ha hecho posible manipular los ingredientes fundamentales de la realidad, las "fuerzas fundamentales", para obtener productos y resultados que, en muchos casos, han sido usados para mejorar la vida de las personas; la medicina, por ejemplo, puede combatir ahora con éxito, enfermedades que en el pasado fueron plagas mortíferas, que causaron la muerte de miles o hasta millones de personas; el conocimiento aumentado también ha hecho posible el desarrollo tecnológico actual, que ha puesto a disposición de la humanidad la posibilidad de realizar cosas que hubieran sido consideradas prodigios, prácticamente milagros, por personas del pasado.

La ciencia ha desvelado que la realidad en la que vivimos es un auténtico "País de las Maravillas" donde ocurren y pueden ocurrir todo tipo de cosas extrañas, aunque no todas son buenas; algunas, de hecho, son terribles; después de todo, Alicia también pasó miedo cuando estuvo en el País de las Maravillas, cuyos habitantes parecían estar todos locos; y en ese aspecto puede que nuestro mundo no se diferencie mucho. Desgraciadamente , lo que se ha conseguido no beneficia por igual a toda la sociedad humana, y hay muchos desequilibrios. Esta historia tiene también su "lado oscuro", que requeriría un libro aparte si se quisiese relatar con más detalle. Intereses egoístas y un conocimiento incompleto pueden conducir a un agotamiento de los recursos de nuestro planeta; y, como en el cuento de "El aprendiz de brujo", se han desatado enormes poderes que no se sabe bien como controlar, y que incluso se han usado a veces para causar mucho daño.

Si los ingredientes fundamentales de la realidad son esas "fuerzas invisibles" de las que hemos hablado, y la variedad de maravillas del mundo natural solo depende de la manera en que se dispongan y organicen, la posibilidad de un control completo sobre ellas, permitiría realizar prácticamente cualquier cosa imaginable.

Pero el ingrediente fundamental podría ser algo aún más básico: la información. Después de todo, no son los átomos y moléculas en sí mismos, los que hacen posible la enorme variedad de estructuras y funciones que existen, sino más bien, la información que se almacena en ellos, en la manera en que están dispuestos y organizados. Lo más importante, por ejemplo en el ADN, no es que esté formado por grupos de azúcar y fosfato, y por largas cadenas de cuatro nucleótidos distintos, sino el hecho de que esos nucleótidos son los soportes en los que se almacena una cantidad inmensa de información, toda la necesaria para construir un organismo complejo entero. Y la información está en el orden preciso en que están colocados los nucleótidos, en una disposición muy aperiódica, que podría parecer aleatoria, y sin embargo es ahí donde reside su enorme capacidad de almacenar datos. Los átomos y moléculas pueden ser reemplazados por otros iguales, y de hecho lo son; ellos son el "hardware", por decirlo así; pero si el reemplazo conserva el orden original, la información, el "software", no se pierde, y eso es lo que realmente importa. El soporte físico de un ordenador puede dañarse y tener que ser reemplazado, pero si se conserva la información en una copia de seguridad, todo lo que importa se puede reconstruir de nuevo.

El ingrediente más fundamental de la realidad podría ser el "qubit", o "bit cuántico", la unidad básica de información; y a nivel teórico, la informática cuántica está muy desarrollada. La dificultad para construir un ordenador cuántico se debe a que, según los conocimientos actuales, se requiere aislar el soporte físico para que la coherencia de las ondas cuánticas se mantenga el tiempo suficiente, sin ser afectada por el entorno. Esto solo se ha conseguido hasta ahora, a un pequeño nivel, en condiciones de alto vacío y temperaturas muy bajas.

Pero el entendimiento teórico ya puede ser útil para comprender mejor el Universo y sus procesos, pues todo lo que hemos relatado parece indicar que La Realidad se puede considerar como una inmensa red de intercambio de información, como Internet, pero mucho más complejo.

El hecho de que los ordenadores clásicos (no cuánticos), sean ya tan útiles a los científicos para estudiar el funcionamiento del Universo, sugiere una idea muy interesante.

Actualmente se hacen simulaciones por ordenador de muchos de los procesos del mundo real, como los procesos físicos que acontecen en el espacio exterior, la evolución del tiempo atmosférico, el plegamiento de las proteínas, predicción de genes, y muchas otras cosas, y los resultados que se obtienen se aproximan mucho a lo que realmente ocurre, y conducen en muchos casos a predicciones fiables.

Se ha llegado a pensar que si se hiciese una simulación por ordenador del Universo entero, que fuese absolutamente perfecta, el Universo real y la simulación serían idénticos, totalmente indistinguibles.

La conclusión que se sigue de esto es evidente: el Universo real es como un gran ordenador; las condiciones iniciales son los datos de entrada; el "programa" son las leyes físicas, y los datos de entrada son sometidos a la operación de esas leyes, son procesados por ellas, y arrojan unos resultados determinados; dichos resultados son las cosas que existen y componen toda La Realidad.

Pero si las leyes más fundamentales no son las de la física clásica, sino las de la física cuántica y la relatividad, la simulación perfecta solo podría conseguirse con un ordenador cuántico, y parece que tenemos que pensar en el Universo como un gran ordenador cuántico, cuyas capacidades y poderes son inmensamente superiores a las de los ordenadores de que dispone la humanidad actualmente.

LA MATERIA...

Los principios matemáticos

Mecánica estadística. La teoría cinética de los gases

La hipótesis de Avogadro.

Los pesos atómicos relativos. Definición de mol

Las leyes de la termodinámica

Otras fuerzas

LA MATERIA

Las leyes físicas y químicas más fundamentales son las responsables de los procesos descritos hasta ahora sobre el Universo y la Tierra.

Por los escritos que nos han llegado sabemos que los antiguos griegos propusieron ideas sobre la realidad, y sobre los elementos fundamentales que componían todo lo que observamos.

Parménides de Elea enfatizó la distinción entre lo que es o existe y lo que no es, o no existe, entre el "ser" y el "no ser"; del "no ser" no puede originarse nada, puesto que no existe, por tanto el "ser" (o lo que es, lo que sí existe) no se ha originado de lo que no es; si el ser es la totalidad de lo que existe no hay nada de lo cual pueda haberse originado, de modo que no ha tenido origen. Puede que a alguien esto le parezca difícil de aceptar, pero nos puede ayudar el pensar, por ejemplo en las "verdades matemáticas". Muchos matemáticos consideran que no todo lo que se conoce en matemáticas es obra del intelecto humano; puede que sí sea así en muchos de los métodos desarrollados por los matemáticos; pero muchísimas de las cosas que se aprenden en matemáticas no parecen haber sido inventadas por el hombre, sino más bien descubiertas por él al estudiar el mundo que le rodea; por poner un ejemplo simple, la razón entre la longitud de cualquier circunferencia y su diámetro es siempre el número "π"; eso no es algo que el hombre haya inventado, sino que lo ha descubierto; ya era cierto antes de la aparición del hombre, y parece que no es algo que en algún tiempo no fue cierto y de repente empezó a serlo, y seguirá siendo así aún si desaparecieran todos los lugares donde pueda estar registrado, como libros, grabaciones y hasta cerebros humanos; parece por tanto una verdad intemporal e inmutable; pero el mismo razonamiento se podría aplicar a estructuras matemáticas más complejas, y algunos científicos han llegado a proponer que el Universo no es otra cosa que matemáticas o información; así para Parménides nada cambia, y los cambios en las cosas que percibimos pueden ser solo una apariencia, pero la realidad fundamental es inmutable e intemporal.

En contraste Heráclito pensaba que el cambio era fundamental, que todo está en un proceso de cambio continuo: uno no puede bañarse en el mismo río dos veces, decía; filósofos posteriores elaboraron sobre estas ideas, y en realidad se ha seguido pensando en ello hasta nuestros días, y la cuestión no parece zanjada, no solo para los filósofos, sino también para los científicos.

Demócrito, quizá intentando reconciliar la inmutabilidad y el cambio propuso que solo existían los átomos y el vacío; los átomos eran los constituyentes elementales de todo, y eran eternos e inmutables, pero sus disposiciones en el espacio vacío podían cambiar y dar lugar así a toda la variedad de cosas que percibimos; estas ideas originales resultaron muy útiles y nos llevaron a la actual teoría atómica, aunque tuvo que pasar mucho tiempo para llegar al entendimiento actual del átomo; hasta épocas relativamente recientes la existencia de los átomos no se consideró probada, y aunque la teoría atómica se ha mostrado muy fructífera para explicar muchos fenómenos, ha puesto de manifiesto intrigantes misterios sobre la naturaleza de la realidad, que siguen siendo objeto de intenso estudio e investigación, como veremos más adelante.

Independientemente de si el cambio es algo fundamental, o nuestra experiencia de él se origina de otra realidad subyacente inmutable, nosotros lo percibimos, forma parte de nuestra realidad. Desde la antigüedad la humanidad ha observado que unas cosas se transforman en otras en un proceso continuo de movimiento y cambio. Las plantas absorben minerales, sustancias y agua del suelo y por medio de reacciones químicas y el proceso de fotosíntesis, usando la energía de la luz solar, forman nuevas moléculas y producen frutos; los animales y el hombre comen productos vegetales, así como animales, y metabolizan ese alimento, descomponiéndolo para obtener nutrientes y energía, con los que regeneran sus células y realizan todos sus procesos vitales. Además el hombre mismo comprobó desde la antigüedad que podía realizar cambios en los materiales que había en la Tierra, por diversos procesos, como mezclas, aplicación de calor y otros. Tal vez esto pudo dar origen a la idea de que se podrían obtener materiales preciosos, como el oro, a partir de otras sustancias, y se experimentó durante siglos con muchos materiales y procesos, dando origen a la alquimia, que a veces se dice que fue la precursora de la química actual. Se fueron aprendiendo métodos que llevaban a conseguir nuevos materiales, haciendo aleaciones y mezclas, aplicando calor, y se vio que incluso había materiales que reaccionaban entre sí, produciendo sustancias nuevas, simplemente acercándolos o poniéndolos en contacto. A veces, por estas reacciones y procesos surgían de una sustancia, dos o más diferentes, y esto permitió ir identificando los elementos a partir de los cuales se formaban todos los demás compuestos.

El químico Antoine Laurent de Lavoisier realizó experimentos que también respaldaban la teoría atómica. Llevó a cabo combustiones y reacciones químicas, pesando las sustancias antes de la combustión o reacción, y pesando de nuevo los productos resultantes, habiendo tenido mucho cuidado para que nada, ni siquiera vapores o gases, escapasen de sus recipientes; encontró que el peso era el mismo antes y después de la reacción, estableciendo así la ley de conservación de la masa; la teoría atómica servía muy bien para explicar sus resultados: La combustión o reacción solo había cambiado la disposición y organización de los átomos, produciendo sustancias de aspecto y propiedades distintas, pero el número total de átomos era el mismo, lo que explicaría que el peso total fuese el mismo antes y después.

Dimitri Mendeleiev clasificó los elementos conocidos en su época, por sus pesos y propiedades, empezando por los más ligeros y comprobó que había un patrón (que ya habían observado otros estudiosos). Cada 8 elementos, en las primeras filas de la tabla que confeccionó se repetían elementos con propiedades semejantes. Colocó los elementos de propiedades parecidas en las mismas columnas de la tabla. Tuvo incluso la intuición de dejar huecos en la tabla, sugiriendo que allí habría que colocar elementos aún no descubiertos, y hasta predijo sus propiedades, y efectivamente tales elementos se fueron hallando y confirmaron sus predicciones.

Otros hallazgos también se podían explicar con la teoría atómica, como por ejemplo "La ley de las proporciones definidas", hallada por Proust; las sustancias elementales que formaban compuestos, lo hacían en proporciones específicas, lo que sugería que la molécula del compuesto contenía números determinados de átomos de los elementos componentes.

Los principios matemáticos

La velocidad se determina midiendo el espacio recorrido por unidad de tiempo: Si un coche recorre 180 Km en 2 horas, su velocidad promedio es de $180/2 = 90$, 90 Km/h. La velocidad instantánea se obtiene midiendo el espacio recorrido en intervalos de tiempo cada vez más pequeños, hasta llegar al límite. Decimos que la velocidad instantánea es el límite, cuando el intervalo de tiempo tiende a cero, de la razón entre espacio y tiempo:

"velocidad = límite cuando incremento de t tiende a cero de incremento de x/incremento de t" o $v = dx/dt$

(límite cuando incremento de t tiende a cero de la razón entre incremento de x e incremento de t). En matemáticas esto se llama derivada. La velocidad por tanto es la derivada del espacio con respecto al tiempo, o sea la tasa de cambio del espacio recorrido a intervalos infinitesimales de tiempo.

Este tipo de cálculo se conoce hoy como cálculo infinitesimal, que comprende cálculo diferencial y cálculo integral. Fue utilizado por Newton (e independientemente por Leibnitz) para analizar el movimiento.

A su vez la aceleración es el cambio de velocidad con el tiempo, o sea: aceleración = límite cuando incremento de t tiende a cero de incremento de v/ incremento de t, o $a = dv/dt$, es decir, la derivada de la velocidad respecto al tiempo, o la segunda derivada del espacio con respecto al tiempo (porque primero derivamos el espacio respecto al tiempo, para obtener la velocidad, y después volvemos a derivar para obtener la aceleración)

Ahora podemos escribir la 2ª ley de Newton (FUERZA = MASA x ACELERACIÓN) en forma diferencial:

$$F = m \, dv/dt$$

Esta expresión diferencial, se puede considerar como la diferencia entre los valores de la velocidad, cuando se mide entre dos intervalos de tiempo muy próximos:

dv/dt = Velocidad final - velocidad inicial/tiempo final - tiempo inicial = V-Vo/T-To

En el cálculo infinitesimal, se considera que es el valor de la tasa de cambio en la velocidad, cuando el intervalo de tiempo se hace lo más pequeño posible, es decir cuando tiende a cero.

Cuando medimos la velocidad inicial y la velocidad final en dos puntos sumamente próximos, obtenemos la aceleración (o sea cambio de velocidad instantánea).

Al producto de la masa por la velocidad se le llama momento lineal, denotado habitualmente por p:

$$p = m \, v$$

de modo que podemos decir que la fuerza es la derivada del momento con respecto al tiempo:

$$F = dp/dt$$

(Se considera que la masa es una constante, de manera que en la variación del momento lo que varía es la velocidad).

Como puede verse, las magnitudes de velocidad, aceleración y fuerza se obtienen a partir de tres magnitudes fundamentales: el espacio, el tiempo y la masa (L, T, M), longitud, tiempo y masa.

Así: velocidad = L/T = L (T elevado a -1)

aceleración = (L/T)/T = L/ T elevado a 2 = L (T elevado a -2)

Fuerza = M (L/ T elevado a 2) = M L (T elevado a -2)

Estas expresiones indican lo que se conoce como el contenido dimensional de cada magnitud. Nos dicen en qué medida y relación contienen las magnitudes derivadas a las magnitudes fundamentales de longitud, tiempo y masa (L, T, M). A su vez, a partir de ellas se pueden construir otras magnitudes, como por ejemplo la energía, la acción y el momento angular.

Si aplicamos una fuerza a un objeto para moverlo realizamos un trabajo. El trabajo será tanto mayor cuanto mayor sea el espacio recorrido. Por tanto:

$$TRABAJO = FUERZA \times ESPACIO$$

$$W = F \cdot e$$

Le energía es la capacidad para producir trabajo, de modo que se define igual:

$$ENERGÍA = FUERZA \times ESPACIO$$

$$E = F \cdot e$$

A su vez la acción se define como la energía multiplicada por el tiempo durante el que actúa:

$$ACCIÓN = ENERGÍA \times TIEMPO$$

Para los cuerpos que giran en torno a un centro conviene introducir otra magnitud llamada "momento angular". Es el producto del momento lineal por el radio de giro:

MOMENTO ANGULAR = MOMENTO LINEAL x RADIO

$$L = m \cdot v \cdot r = p \cdot r$$

Introducimos estas tres nuevas magnitudes, porque los sistemas físicos cumplen tres leyes de conservación, que son fundamentales para entender el mundo:

Ley de conservación del momento lineal

Ley de conservación del momento angular

Ley de conservación de la energía

Imaginemos un conjunto de esferas de diferentes masas que se están moviendo en línea recta a diferentes velocidades, cerca unas de otras, pero en direcciones y sentidos distintos. Cada una lleva su propio momento lineal o cantidad de movimiento, que es el producto de su masa por su velocidad. Sumamos todos esos productos y obtenemos un número al que podríamos llamar momento lineal total del sistema. De acuerdo con la segunda ley de Newton, si al sistema no se le comunica ninguna fuerza adicional del exterior, no cambiará su momento lineal. Las esferas chocarán unas con otras y la velocidad de cada una individualmente puede variar. Las que tengan mucha cantidad de movimiento (mucha masa y mucha velocidad) pueden ceder parte de su cantidad de movimiento a las que tengan menos, ya que al chocar con ellas harán que su velocidad aumente, pero a cambio de ser frenadas un poco ellas mismas. Hay un intercambio o transmisión de cantidad de movimiento entre unas y otras, pero lo que unas pierden otras lo ganan, de modo que hay una compensación, de suerte que si volvemos a sumar la cantidad de movimiento de todas ellas, aunque los sumandos individuales varíen , la suma total será la misma que al principio. Esta es la ley de conservación del momento lineal.

Existe también una ley de conservación del momento angular, al que definíamos como el producto del momento lineal por la distancia al eje de giro o radio. Esta ley se cumple en los movimientos de rotación. En las rotaciones el efecto conseguido por una fuerza, no depende solo de la magnitud de la fuerza, sino también de su distancia (el punto donde la apliquemos) al eje de giro. Esto se observa en un ejemplo muy familiar, Si queremos hacer girar una puerta aplicamos sobre ella una fuerza a cierta distancia de las bisagras. Pero si acortamos la distancia al eje de giro, aplicando la fuerza sobre un punto más cercano a las bisagras, notaremos que tenemos que hacer más fuerza para conseguir la misma cantidad de giro. Conviene por tanto introducir, al estudiar el movimiento angular o de rotación, una magnitud a la que llamamos torque, que se define como el producto de la fuerza por el radio de giro:

TORQUE = FUERZA x RADIO DE GIRO

$$T = F \cdot r$$

Si aumenta el radio de giro, el torque será mayor y la aplicación de la fuerza será más efectiva. Así como el momento lineal varía si se aplica una fuerza, el momento angular varía si se aplica un torque. En ausencia de torque el momento angular no varía. Esta es la ley de conservación del momento angular. Explica muchas cosas. Por ejemplo, supongamos que alguien está girando con los brazos extendidos, sosteniendo un peso en cada mano. Si recoge los brazos hacia sí mismo su velocidad de giro aumentará; ¿por qué?; la fórmula del momento angular es:

$$L = m \cdot v \cdot r$$

No se ha aplicado ningún torque; el momento angular L por tanto no varía; de modo que si disminuimos el radio de giro r, la velocidad v tiene que aumentar para que el momento angular se conserve. El aumento de velocidad compensa la reducción del radio. Por eso una patinadora que está girando con los brazos extendidos, gira más deprisa con solo recoger los brazos. La conservación del momento angular explica que la

Tierra tarde siempre el mismo tiempo en dar una vuelta alrededor de su eje, y así el día tenga siempre la misma duración; y lo mismo se puede decir de la duración del año, por citar un ejemplo más.

Ahora consideremos la tercera ley de conservación. Un cuerpo puede tener energía, o sea capacidad para realizar trabajo, si se está moviendo, porque puede golpear a otro y hacer que se mueva también, o si, aunque esté en reposo está colocado a cierta altura en un campo gravitatorio como el de la Tierra, porque si lo soltamos adquirirá una aceleración debida a la gravedad, que también puede usarse para realizar trabajo (como cuando se deja caer agua para hacer girar turbinas que generan electricidad). A la energía debida al movimiento se le llama energía cinética (del griego "Kineema": movimiento), y a la energía debida a la posición en el campo de gravedad se le llama energía potencial, porque es una energía en potencia, o sea latente, que puede reservarse, sin ser usada hasta que decidamos dejarlo caer. Calculemos la energía cinética en función de la velocidad.

Si un móvil parte del reposo su velocidad inicial es cero: $V_o = 0$, y llegará con una velocidad final V.

La media entre la velocidad inicial y la final será por tanto :

$$\text{velocidad media} = (0 + V)/2 = \tfrac{1}{2} V \quad (1)$$

El espacio recorrido será esa velocidad por el tiempo:

$$e = \tfrac{1}{2} V \cdot T \quad (2)$$

La energía, según dijimos, es la fuerza por el espacio, de modo que la energía cinética será:

$$\text{Fuerza x espacio} = \text{masa x aceleración x espacio}$$

$$F \cdot e = m \cdot a \cdot e \quad (3)$$

Como aceleración = velocidad/tiempo o $a = v/t$, podemos poner:

$$F \cdot e = m \cdot v/t \cdot e \quad (4)$$

Sustituyendo ahora la expresión del espacio por la fórmula (2) obtenemos:

$$F \cdot e = m \cdot v/t \cdot \tfrac{1}{2} vt$$

y recolocando los términos y simplificando:

$$F \cdot e = \tfrac{1}{2} m v \cdot v \cdot t/t = \tfrac{1}{2} m v^2$$

De modo que la fórmula para la energía cinética en función de la velocidad es:

$$E = \tfrac{1}{2} m v^2$$

El uso de letras como abreviaturas, y signos de sumar, multiplicar y dividir, también nos permite ir más rápido, pero expresan las mismas ideas que cuando lo definimos con palabras.

Veamos ahora la relación entre estas dos formas de energía, cinética y potencial; consideremos el ejemplo de un columpio, como se representa esquemáticamente en el gráfico:

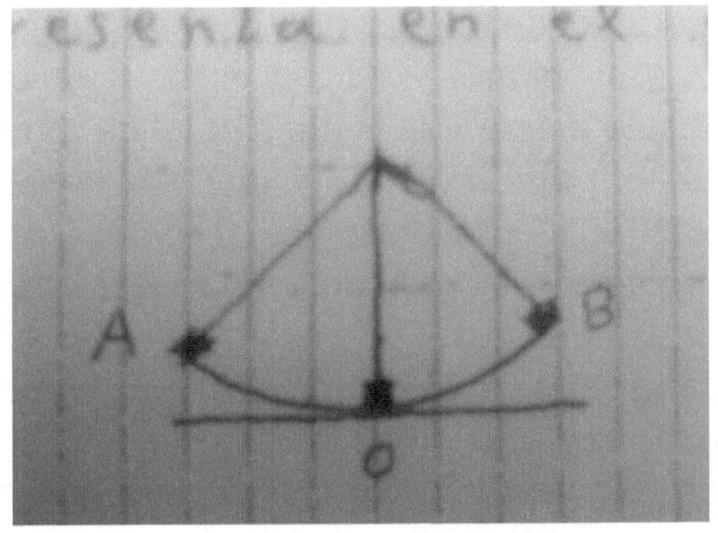

Primero tenemos que emplear nuestra energía muscular (que en definitiva se deriva de procesos químicos en nuestro cuerpo) para levantar el columpio hasta el punto A. La velocidad del columpio en ese punto es cero, de modo que no tiene energía cinética, pero ha adquirido una energía potencial por la altura a que ha sido elevado, Entonces lo soltamos y comienza a caer por acción de la gravedad. A medida que va ganando velocidad al caer, su energía cinética va aumentando, mientras que su energía potencial va disminuyendo conforme se reduce su altura. Al llegar al punto O, la energía potencial se ha reducido a cero y la energía cinética es máxima. El columpio empieza a ascender por el otro lado en dirección al punto B, y al hacerlo va perdiendo energía cinética pero de nuevo va ganando altura y energía potencial. Es como si la energía no desapareciese nunca, solo fuera cambiando de forma. Por eso en todo momento la suma de la energía potencial y la energía cinética permanece constante:

ENERGÍA POTENCIAL + ENERGÍA CINÉTICA = CONSTANTE

Sin embargo finalmente el columpio se para. ¿A dónde se ha ido la energía?. El columpio se detiene porque se va frenando por la fricción y rozamiento del enganche con el eje de giro y con el aire, pero si tocamos el enganche y el eje de giro notaremos que se han calentado con el rozamiento, y ese calor finalmente se transmite a las moléculas del aire y se disipa en ellas.

Empezamos empleando energía muscular de origen químico, la convertimos en energía potencial gravitatoria, que se fue transformando en energía cinética y viceversa, y finalmente terminamos con energía calorífica (o térmica). Este es un ejemplo del funcionamiento de una de las leyes más importantes de la física, la ley de conservación de la energía, que dice así: la energía ni se crea ni se destruye, solo se transforma.

Mecánica estadística. La teoría cinética de los gases

En el ejemplo del columpio hemos visto que si no seguimos empujando el columpio se detiene; sin embargo ya explicamos que esto no viola la ley de conservación de la energía; más bien la fricción termina frenando el columpio y las piezas que friccionan se calientan. Le energía cinética se convierte en energía calorífica o térmica. El movimiento genera calor; el calor a su vez puede hacer que la materia sólida pase al estado líquido, y con más calor al estado gaseoso. El ejemplo más familiar quizá sea el agua: calentemos un cubito de hielo y tendremos agua líquida; sigamos calentando y el agua se evaporará.

Esto se puede explicar suponiendo que la materia está formada por pequeñas partículas (moléculas o átomos). En el estado sólido las partículas se atraen fuertemente y se mueven poco respecto de sus posiciones de equilibrio; si los átomos ganan energía cinética se atraen con menos fuerza colisionando entre sí y pasando al estado líquido; si su energía cinética aumenta se terminan separando y pasan al estado gaseoso. Esto explicaría también el aumento de volumen cuando aumenta la temperatura, debido a que aumenta la separación media entre los átomos. Los átomos tenían que ser muy pequeños. pues ni siquiera se observaban al microscopio. De modo que un volumen pequeño de materia contendría gran cantidad de ellos. Si los cambios de estado de la materia se debían a una variación en el estado de movimiento de los átomos, debido a variaciones de temperatura, la energía cinética media de los átomos en una cantidad de materia, sería proporcional a su temperatura. Varios científicos aplicaron las leyes del movimiento de Newton a los átomos, pero debido a que en sus cálculos tenían que considerar números tan grandes de partículas, tuvieron que aplicar métodos estadísticos, y así desarrollaron la mecánica estadística. Resultó muy útil puesto que permitió conocer los detalles del mundo submicroscópico a partir de mediciones que se podían realizar a nivel macroscópico. Por ejemplo, como la presión de un gas en las paredes del recipiente que lo contiene, se considera debida a la energía cinética de las partículas del gas al chocar incesantemente con las paredes, al medir la presión se podía conocer el promedio de velocidad de las partículas y su energía cinética a diferentes temperaturas.

La Hipótesis de Avogadro

El aumento de la temperatura produce un aumento de presión, porque la energía cinética de las partículas es mayor. Al aumentar la temperatura aumenta también el volumen del gas. Se puede medir el aumento de volumen por cada grado de temperatura. Al hacerlo se comprobó que todos los gases, sin importar su composición, aumentan de volumen en la misma proporción. El aumento de volumen por cada grado de temperatura se denomina "coeficiente de dilatación cúbica", y su valor para todos los gases es, expresado en forma de quebrado: 1/273.

El hecho de que todos los gases se dilaten en la misma medida, parecía indicar que en un volumen dado de cualquier gas, hay el mismo número de partículas. Esta fue la hipótesis de Avogadro. Las partículas de todos los gases, aunque sean diferentes, deben ser muy pequeñas en comparación con su distancia promedio de separación, de modo que lo que determina el aumento de volumen con la temperatura es la mayor separación entre partículas al aumentar su agitación térmica. La diferencia de tamaño entre partículas de diferentes gases debe ser muy pequeña en comparación con la separación entre partículas. Por lo tanto esa pequeña diferencia se puede despreciar y considerar a todas las partículas aproximadamente iguales, por lo que cabe suponer que volúmenes iguales de dos gases distintos contienen el mismo número de partículas (A igual presión y temperatura).

Los pesos atómicos relativos. Definición de mol

Si pesamos un volumen de un gas y después pesamos el mismo volumen de otro gas diferente, y comprobamos que uno pesa el doble que el otro, como según la hipótesis de Avogadro, contienen el mismo número de partículas, llegamos a la conclusión de que los átomos de uno deben pesar el doble que los átomos del otro. Podemos obtener así los pesos atómicos relativos de los diferentes elementos; otras leyes, como la de "las proporciones definidas" en la reacciones químicas, también podían contribuir a la determinación de tales pesos relativos. Se define "mol" como el equivalente en gramos al peso atómico. Supongamos que una sustancia tuviese un peso atómico de 1 y otra de 2. Un mol de la primera sería 1 gramo y un mol de la segunda serían 2 gramos (porque hemos definido "mol" como el equivalente en gramos al peso atómico). Como sabemos que el átomo de la segunda pesa 2 veces más que el átomo de la primera, llegamos a la conclusión de que en 1 gramo de la primera hay el mismo número de átomos que en 2 gramos de la otra (hay el mismo número de átomos pero cada uno pesa el doble). Extendiendo estas ideas a todas las sustancias, podemos decir que en 1 mol de cualquier sustancia hay el mismo número de partículas. A ese número se le llama "número de Avogadro". Si se pudiese determinar dicho número (el total de micropartículas en una cantidad conocida de materia), se podrían calcular inmediatamente el tamaño y el peso de sus átomos constituyentes. La medición del número de Avogadro se convirtió pues en una meta importante para la física y la química. Aunque no todo el mundo científico la aceptara, la teoría atómica se convirtió en un modelo que se usó para seguir investigando y para tratar de explicar las propiedades de la materia a partir de dicho modelo.

Las leyes de la Termodinámica

El coeficiente de dilatación cúbica de los gases, también permite calcular la disminución del volumen por cada grado de disminución de la temperatura. Como el coeficiente es 1/273, el cálculo indica que al llegar a - 273° Celsius el volumen del gas se reduciría a cero; por lo tanto nada puede llegar a esa temperatura, por lo que se la llama el cero absoluto (- 273° Celsius). Ese sería el caso de un gas ideal. En la práctica los gases se licuan antes de acercarse a esa temperatura, y cambian sus propiedades. No obstante el concepto de gas ideal es útil, porque los gases se comportan como ideales en un amplio rango de temperaturas. La escala absoluta de temperatura también se llama Kelvin. A la escala Celsius también se la llama centígrada. Marca cero grados en el punto de congelación del agua y cien grados en el punto de ebullición.

El calor siempre fluye de los cuerpos calientes a los fríos. En términos de teoría cinética, esto puede entenderse así: las partículas del cuerpo caliente (con mayor energía cinética), chocan con las del frío, y les van cediendo parte de su energía, hasta que se llega a un equilibrio termodinámico en el que las partículas de los dos cuerpos tienen la misma energía y por tanto la misma temperatura.

Si en una habitación dejamos un frasco de perfume abierto, las moléculas del aire, en sus movimientos caóticos, chocarán con las moléculas del perfume y las irán arrancando hasta que todo el perfume se halle mezclado con el aire. Se habrá pasado de un estado ordenado (todo el perfume en un solo lugar, en el frasco, separado del aire), a otro más desordenado (unas moléculas mezcladas aleatoriamente con otras). Boltzmann lo explicaba como una consecuencia del cálculo de probabilidades. Como existen muchísimas más combinaciones en las que las moléculas pueden situarse en arreglos no ordenados, los arreglos aleatorios desordenados son, con mucho, los más probables.

Esta tendencia de los sistemas físicos hacia el aumento del desorden, o aumento de la entropía (de la palabra griega para "revolver" o "revuelto"), se conoce como la 2ª Ley de la Termodinámica; (la 1ª Ley es la de la conservación de la energía).

Otras fuerzas

Cuando se planteó la hipótesis de Avogadro no se conocían ni el peso absoluto ni el tamaño de los átomos y moléculas, pero sí se podían establecer las relaciones entre grandes cantidades de átomos y deducir así relaciones entre las partículas submicroscópicas.

Para determinar experimentalmente el valor del número de Avogadro se reflexionó en qué procesos que se manifestaran a escala macroscópica podían depender del número de micropartículas contenidas en una determinada cantidad de materia. Se encontraron con el tiempo bastantes métodos para medir el número de Avogadro, pues es lógico que los procesos que percibimos a escala macroscópica dependan de lo que ocurre en el nivel atómico. Por ejemplo, el color azul del cielo se debe a la dispersión de la luz solar de determinada frecuencia por las partículas del aire: la intensidad del color dependerá del número de partículas que actúen como centro de dispersión. Thompson (Lord Kelvin) comparó los datos sobre el brillo del Sol en el cenit y estando este a 40° sobre el horizonte. El movimiento caótico de pequeñas partículas suspendidas en un líquido (movimiento browniano, observado al microscopio por el botánico R. Brown en 1827) fue interpretado como consecuencia del choque de partículas aún más pequeñas (los átomos invisibles).

Einstein dio con una fórmula para calcular el número de Avogadro a partir del resultado de los choques tal como se observaban al microscopio. Perrin usó este método y otros para determinar el número de Avogadro. En tiempos más recientes se ha medido estudiando la dispersión de rayos X al atravesar sólidos cristalinos. Los diferentes métodos (los mencionados aquí y algunos más) coinciden aproximadamente en el mismo valor (6, 02252 +/- 0, 00028) x 10 elevado a 26 moléculas por kilomol), Se ha sabido así que hay muchas micropartículas (átomos o moléculas) en una pequeña cantidad de materia. Al poder calcular el tamaño de los átomos se supo que eran tan pequeños que estaban muy por debajo de la capacidad de los microscopios. Para saber más sobre ellos habría que usar métodos indirectos, como estudiar las fuerzas que emanaban de ellos.

La gravedad era una fuerza invisible. No era la única que se conocía. Frotando una varilla de ámbar este atraía pequeños objetos. Se llamó a esta fuerza de atracción invisible "electricidad" (de la palabra griega para "ámbar": elektron). Además se sabía de una piedra originalmente hallada en Magnesia, que atraía pequeños trozos de metal. A esta fuerza invisible se la denominó por tanto magnetismo. ¿Qué propiedad de la materia podía ser responsable de las fuerzas eléctricas y magnéticas?. Se produjeron diferentes artilugios que producían electricidad por fricción. Cuando se tocaba un objeto cargado de electricidad, a veces saltaba una pequeña chispa y se oía una pequeña crepitación, quedando descargado el objeto. Esto sugirió a Franklin que tal vez los relámpagos de las tormentas pudieran ser también fenómenos eléctricos a mayor escala. Luigi Galvani en Italia comprobó que la electricidad de las tormentas inducía convulsiones musculares en ranas diseccionadas que estaban colgadas por ganchos de latón en una celosía de hierro. Las convulsiones seguían aún después de la tormenta, lo que hizo pensar a Alejandro Volta que la electricidad permanecía en los metales. Experimentó con diferentes metales hasta que construyó una pila de placas de cinc y cobre y discos de cartón humedecidos en una solución salina. La electricidad fluía de un extremo a otro de la pila.

Se dispuso así de una fuente de corriente eléctrica que se originaba a partir de procesos químicos.

Se descubrió que estas dos fuerzas obedecían una ley matemática muy semejante a la ley de Gravitación de Newton, la llamada ley de Coulomb:

$$F = \pm\, k\, (q \cdot q\,'/\,r^2)$$

Simplemente hay que sustituir m (masa) en el numerador por q (carga). Además la constante k es diferente de la constante de gravitación G, porque la intensidad de las fuerzas es distinta. El magnetismo obedece a la misma fórmula, con otra constante distinta y colocando en el numerador las masas magnéticas. Los signos que aparecen en la fórmula de la fuerza eléctrica pueden ser positivo o negativo, ya que estas fuerzas pueden ser atractivas o repulsivas, a diferencia de la gravedad que siempre es atractiva.

¿Por qué obedecen las tres fuerzas a una ley inversa del cuadrado de la distancia?. Una vez más, como ocurre con el brillo de un objeto luminoso, o con la gravedad, podemos entenderlo si pensamos que la fuerza emana de un punto hacia todas las direcciones de forma radial. La fuerza se distribuye por tanto sobre la superficie de una esfera imaginaria que rodea al punto. A mayor distancia de la fuente, la fuerza tiene que repartirse sobre la superficie de una esfera mayor. Como el área de una superficie esférica es proporcional al cuadrado del radio (4 π r²), a medida que nos alejamos la fuerza se debilita en la misma proporción. Michael Faraday, al estudiar estas fuerzas invisibles, explicaba que era como si de los cuerpos cargados emanasen lo que llamó "líneas de fuerza", creando en torno suyo un "campo" eléctrico o magnético. Faraday incluso llegó a concebir las partículas como lugares donde las fuerzas convergen en un punto. La materia se podría considerar pues como puntos de concentración de fuerza. Todo se podría explicar en términos de campos de fuerzas. Oersted descubrió que una corriente eléctrica hace que una aguja magnetizada se mueva y reoriente. La corriente se comporta como un imán. La electricidad en movimiento (corriente) genera magnetismo. A la inversa Faraday comprobó que el magnetismo también puede generar electricidad; una bobina de cobre girando entre los polos de un imán produce corriente eléctrica.

Por otra parte, cuando se comprobó que la luz se propagaba en forma de ondas se supuso que existía una sustancia llamada "éter", que llenaba el espacio, y en el que se propagaban las ondas luminosas, como las olas del mar en el agua.

www.ingramcontent.com/pod-product-compliance
Lightning Source LLC
Chambersburg PA
CBHW030534220526
45463CB00007B/2826